お米のこれからを考える ①

お米の品種と産地

●● どうしていろいろあるの？ ●●

このシリーズは、お米の「今」をよく知って、これからの米づくりや日々の食事がどう変わっていくのかを考えるための本です。毎日食べているごはんがどんな食べものなのか、この本で調べてみましょう。

もくじ

お米の基礎知識

- 1 お米ってなに？ …………………… 04
- 2 お米のなかまわけ ………………… 06
- 3 品種ってなに？ …………………… 08
- 4 品種開発とお米の名前 …………… 10
- 5 お米のつくり ……………………… 12

お米の品種と産地

- 1 日本の地形と米どころ …………… 14
- 2 都道府県の収穫量 ………………… 16
- 3 代表的な品種と産地 ……………… 18

銘柄米・ブランド米ってなに？ ………… 26

新しいお米が生まれるまで

- 1 なぜ品種開発するの？ …………………… 28
- 2 品種開発の現場へ　～新潟県・新之助の場合～ …… 32
- 3 新しいお米いろいろ ……………………… 36

〈資料〉お米の用語集 ………………… 38

お米の基礎知識

毎日わたしたちが口にする、ごはん。そのもとになるお米について、どのくらい知っていますか？お米がどんな食べものなのか、その分類やお米の構造と成分、品種などの基礎知識を解説します。

お米の基礎知識①
お米ってなに？

🌾 お米は稲という植物の実

　お米は田んぼで作られます。田んぼには稲という植物が植えてあり、秋にたくさんの実がみのります。稲の先の実がついた部分を穂とよび、1本の穂に約70〜100つぶのお米ができます。お米の実はもみがらとよばれるかたいからにつつまれていて、そのからをとりのぞいたものが玄米です。玄米のままでも食べられますが、茶色いぬかと胚芽をけずり、白米で食べるのが一般的です。お茶わん1杯のごはんにするには約40本分の穂（稲で2株分）が必要になります。

稲の先たんの穂の部分についた実がお米になります。

穂についたひとつぶひとつぶの実をもみといいます。

もみをつつんでいる外側のかたいからがもみがらです。

白米を水にひたし、加熱してたいたものがごはんです。

稲の種類

世界で栽培されている稲には、アジアイネとアフリカイネの2種類があります。アフリカイネはアフリカの西部でごくわずかに生産されているだけで、現在、栽培されている稲のほとんどはアジアイネのなかまです。アジアイネはさらにジャポニカ種とインディカ種に大きく分けられます。わたしたちがくらす日本でおもに食べられているお米は、ジャポニカ種の稲からとれるお米です。以下がそれぞれの稲の一般的な特徴です。栽培に適した気候、米つぶの形や大きさ、米の中にふくまれている成分などにちがいがあります。

アジアイネは大きく分けて2種類

インディカ種

つぶが細長い！

インドや東南アジアなど気温の高い地域で作られるお米で、世界で栽培されるお米の80％以上をしめます。一般的につぶが細長く、かためでパサパサしています。

見た目
つぶが細くて長い

産地
インド、タイ、中国南部など

成分
アミロースが多くねばりがあまりない

食べかた
たっぷりのお湯でゆでる

ジャポニカ種

つぶが短い！

日本で栽培されている稲のほとんどはこれ。インディカ種より寒さに強い。一般的に米のつぶは短くて円形に近く、たくともちもちとしたねばりとつやが出ます。

見た目
つぶが丸く短い

産地
日本、中国、韓国、アメリカ西海岸など

成分
アミロースが少なく適度なねばりがある

食べかた
加えた適量の水を米がすべて吸うまでたく

※紹介した稲の特徴は一般的なものです。なかには、つぶの長いジャポニカ種やつぶの短いインディカ種などもあります。

お米の基礎知識②
お米のなかまわけ

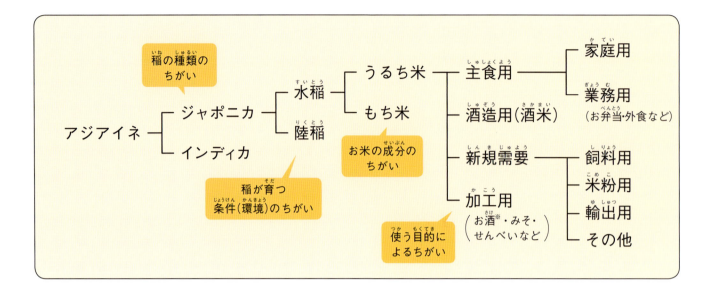

さまざまな分類がある

　同じジャポニカ種でも、育つ条件によってちがう名前でよばれています。水田で育つ稲を「水稲」、水のない畑で育つ稲を「陸稲」とよびます。今の日本ではほとんどが水稲ですが、水の利がわるく田んぼが作れない地域などでむかしから陸稲の栽培が行われてきました。さらに同じ水稲でもお米の成分によって、うるち米ともち米に分かれます。さらに、わたしたちがごはんとして食べるお米だけでなく、豚やニワトリなどのエサになるお米、お酒やみそ、せんべいなどに加工されるお米など、使う目的によって分類されます。

お米の成分「アミロース」とは

お米のおもな成分はでんぷんです。お米にはアミロースとアミロペクチンという2種類のでんぷんがふくまれていて、アミロースはかたさをつくり、アミロペクチンはねばりをつくります。このアミロースが少ないほど、ねばりやもちもち感のある日本人好みのお米になります。

※酒米以外に加工用のお米もお酒づくりに使われます。酒米は米麹など、加工用はおもに「かけ米」として使われます。

うるち米ともち米

お米にはうるち米ともち米があります。わたしたちがふだんごはんとして食べているのが「うるち米」、おもちなどで食べるのが「もち米」です。うるち米が半とうめい、もち米は白っぽい米つぶで見た目にもちがいますが、大きなちがいは、ふくまれるでんぷんの成分にあります。うるち米はアミロースとアミロペクチンが２：８の割合でふくまれているのに対し、もち米はアミロペクチンがほぼ10割で、アミロースはふくまれていないか、わずかです。アミロースはかたさ、アミロペクチンはねばりとやわらかさを作ります。

ちがいはふくまれるでんぷんの成分

うるち米

つぶが半とうめい！

ごはんとして食べるお米のこと。アミロースがふくまれているため、ごはんを炒めたりしてもだまになりにくく、和洋中いろんな調理法で食べられます。

見た目	国内のおもな産地
半とうめいでもち米より大きい	新潟県、北海道、秋田県、山形県など

成分	食べかた
アミロースを少しふくみ適度なねばり	加えた適量の水を米がすべて吸うまでたく

もち米

つぶがまっ白！

でんぷんの成分はほとんどがアミロペクチンで、とてもねばりの強いごはんになります。臼と杵でついてもちにするほか、おこわやお赤飯などに使われます。

見た目	国内のおもな産地
つぶがまっ白ですけていない	北海道、佐賀県、新潟県、岩手県など

成分	食べかた
アミロースをふくまずよくねばりのびる	水に数時間ひたし蒸気でむす

お米の基礎知識③
品種ってなに？

お米売り場にはいろんな名前のお米が売られています。名前がカタカナだったり、ひらがなだったり、漢字だったりさまざまです。産地はどこのものが多いかな？

🌾 日本のお米は約500品種

スーパーなどのお米売り場に行くと、米袋に「コシヒカリ」「ひとめぼれ」「ゆめぴりか」などの名前が印刷されているのを目にします。ここに書かれている名前は、それぞれのお米の品種をあらわしています。日本には、ちがう特徴をもった約500品種のお米があります。このうち、3分の2ほどがふだん食べている主食用のお米で、のこりはもち米や、日本酒をつくるための酒米などです。日本は北海道から沖縄まで南北に長い国ですから、北と南では気候や地形など風土がことなります。むかしからその地域に合わせた品種開発が行われ、地域ごとに適したお米の品種が作られてきました。

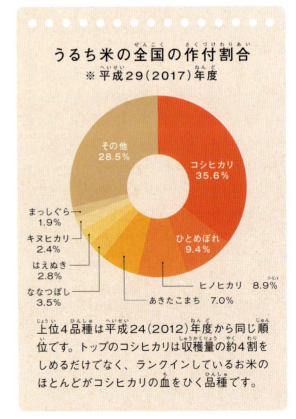

うるち米の全国の作付割合
※平成29（2017）年度

- コシヒカリ 35.6%
- ひとめぼれ 9.4%
- ヒノヒカリ 8.9%
- あきたこまち 7.0%
- ななつぼし 3.5%
- はえぬき 2.8%
- キヌヒカリ 2.4%
- まっしぐら 1.9%
- その他 28.5%

上位4品種は平成24（2012）年度から同じ順位です。トップのコシヒカリは収穫量の約4割をしめるだけでなく、ランクインしているお米のほとんどがコシヒカリの血をひく品種です。

（出典）米穀機構「平成29年産うるち米（醸造用米、もち米を除く）の品種別作付割合上位20品種」より

どうしてたくさんの品種があるの？

稲はもともと熱帯地方の植物ですので、日本には存在しませんでした。日本には縄文時代の終わりごろに入ってきますが、北海道や東北などの寒い地方でも栽培できるようにするには、品種の改良が必要でした。むかしの人々は、寒い環境のなかでも生きのこった稲を種子として翌年にまき、少しずつその土地に合った品種を作り出しました。お米の品種開発が農業試験場などで本格的に行われるようになったのは明治時代から。お米のおいしさだけでなく、冷害や病気に強い品種、たくさんとれる品種などをめざして、さまざまな研究がすすめられました。日本にたくさんのお米の品種があるのはそのためです。最近では、お米の中の健康に役立つ成分を増やした品種なども開発されています。生産者の苦労を取りのぞくため、消費者が求めるおいしいお米を作るため、品種開発に終わりはありません。これからも新しいお米の品種がたくさん生み出されていくでしょう。

新しいお米の品種を作る目的

おいしいお米がほしい
農家も研究者も、今よりもっとおいしいお米にしたいと考えています。お寿司、カレー、おにぎりなど、料理を引きたてるお米も開発されています。

寒さに強い稲がほしい
稲の大敵は寒さ。夏の日照不足や長雨、太平洋からふく冷たい風「やませ」の影響などに負けない、少し寒くても実をつける品種が作られています。

病気に強い稲がほしい
いもち病などの病気に弱いお米は、病気が出ないようにたくさん農薬を使います。病気に強い品種を作れば、農薬を減らし、収穫量も増やせます。

たおれにくい稲がほしい
稲刈りの時期は台風や豪雨が多くなり、せっかく育った稲がたおれて収穫量が減ってしまう原因に。茎をじょうぶにし、たおれにくい稲にします。

お米をたくさん作りたい
あまり量がとれない品種だと、収穫量をふやすために肥料を多くあたえるので、手間とお金がかかってしまいます。たくさんとれる品種も求められます。

加工しやすい稲がほしい
お米はごはんだけでなく、お酒、米粉、みそなどさまざまなものに加工されています。使いみちに合わせた、加工しやすい品種も作られています。

お米の基礎知識④
品種開発とお米の名前

こんなにたくさん！ コシヒカリの家族たち

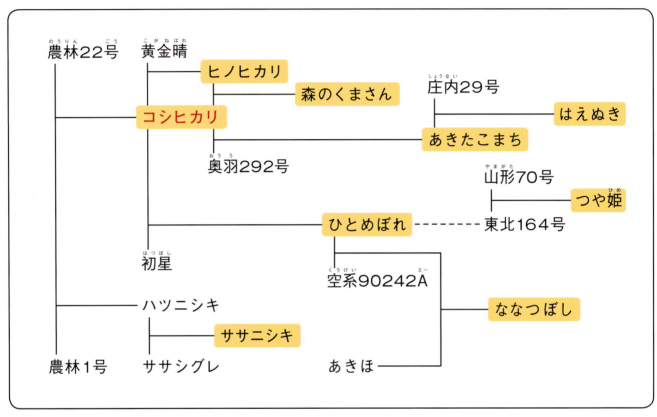

※この表は簡略化してあります。

🌾 ちがう特徴の稲を交配して新しい品種を生む

お米の品種開発は、すぐれた特徴をもつ別々の品種をかけあわせて行います。コシヒカリは、東日本と西日本それぞれで味がよいと有名だったお米の系統の品種をかけあわせて生まれました。そのコシヒカリの味を生かし、病気や寒さに強い品種をかけあわせてできたのが「あきたこまち」や「ひとめぼれ」などです。人気のお米の品種の多くは、コシヒカリのおいしさをうけつぐ稲と、ちがう特徴をもつ稲を交配して作られています。

品種はこうして生まれる

　新しいお米の品種を作るときは、最初にどんな特徴をもつお米にするかという目標を立てます。「おいしい」「病気に強い」「収穫時期が早い」「稲がたおれにくい」などです。その目標をもとに、交配にふさわしい品種を選びます。たとえば、味はおいしいけれど病気に弱い品種と、味はいまひとつだけど病気に強い品種をかけあわせ、育った稲のなかからおいしくて病気に強い品種を選び出します。これをなんどもなんどもくりかえし行い、新しいお米の品種が生まれるのです。

　こうしてできた品種にはそれぞれ名前がつけられます。むかしは農林1号のような番号の名前だけでしたが、新しい品種が増えてくると番号だけでは区別しにくくなり、「コシヒカリ」「ササニシキ」のような親しみやすい名前がつけられるようになりました。最近では、広く一般に名前を募集し、みなさんに考えてもらった名前をつけることも多くなっています。親しみやすい名前をつけることで、お米を作る生産者にも、お米を買って食べる消費者にも新しい品種をおぼえてもらいやすくなり、お米を産地や品種の好みで選べるようになりました。

お米の名前のひみつ

それぞれ意味がある

袋に書いてあるお米の名前には、それぞれに意味があります。たとえばコシヒカリは、「越の国（現在の新潟県から福井県）に光りかがやく品種」になることをねがってつけられました。身近なお米の名前にはどんな意味があるか、調べてみましょう。

カタカナとひらがなの名前があるのは？

むかしは国が開発した品種はカタカナ（コシヒカリなど）、都道府県が開発した品種はひらがなまたは漢字（あきたこまちなど）で名前をつけるのがきまりでした。平成に入るとそのルールがなくなって、ユニークな名前のお米がぞくぞく誕生しました。

袋に書いてある名前にも注目してみよう！

コシヒカリの「コシ」は越の国（こしのくに）に由来

お米の基礎知識⑤
お米のつくり

お米はこうなっている！

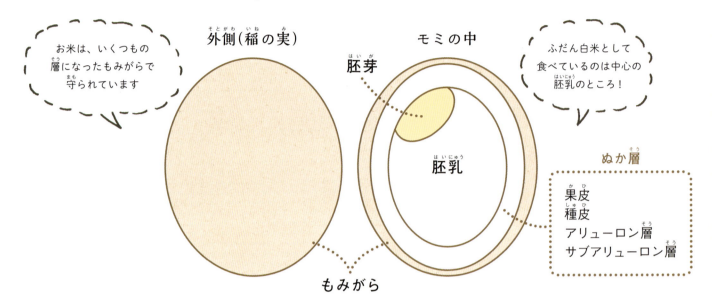

お米は、いくつもの層になったもみがらで守られています

外側（稲の実）

モミの中

胚芽

胚乳

ふだん白米として食べているのは中心の胚乳のところ！

ぬか層
- 果皮
- 種皮
- アリューロン層
- サブアリューロン層

もみがら

お米のつくりと役割

もみがら
稲の実のもっとも外側にある、かたい皮の部分のこと。中にあるお米を外部のしげきや雨水から守っています。

果皮・種皮
玄米のいちばん外側のかたい果皮が酸化をふせぎ、その内側のうすい種皮が水や酸素の出入りを調節しています。

アリューロン層
種皮の内側にあるたんぱく質と脂肪からなる層。米のとぎ汁が白くにごるのはこの層が溶け出しているため。

胚芽
種として植えたときに芽や根となる大事な部分。たんぱく質、ビタミン、ミネラルなどの栄養をたくわえています。

胚乳
胚乳のみにしたものが白米。おもな成分はでんぷんで、お米が種から生長するときのエネルギー源になります。

お米の品種と産地

北海道から沖縄まで、全国でお米を育てています。地域ごとに気候風土に差があり、とれるお米の特徴もちがいます。どんな産地でどんなお米を作っているのか、データとともに見てみましょう。

お米の品種と産地①
日本の地形と米どころ

米づくりがさかんな地域の特色

　米づくりは日本全国で行われていますが、生産量の多い地域は、越後平野、庄内平野といった平野に多いことがわかります。平野は低く平らな土地が広がり、広い田んぼを作ることができます。さらに、平野には大きな川が流れているので、米づくりに必要な水を川から田んぼにじゅうぶん引くことができます。新潟や北海道のような雪が多い地域は、春に雪どけ水が大量に川に流れこむため米づくりに向いています。昼と夜の気温差が大きいことも重要。昼に太陽をあびてでんぷんを作り、すずしい夜に栄養をたくわえます。

米づくりに適した土地って？

水がたくさんあるところ
米づくりにはたくさんの水を使います。大きな川が近くにあったり、雪どけ水が豊富なところが適しています。

広くて平らな土地
農業機械が自由に使える広くて平らな田んぼだと、作業がしやすくお米をたくさん作ることができます。

水はけのよい土地
水はけがわるいと古い水が長くのこり、稲の根が呼吸できない状態に。水はけのよい土地が向いています。

昼と夜の気温の差が大きいところ
稲は昼に光合成し、でんぷんを作ります。夜暑いとでんぷんを消耗するので、夜すずしいほうがいいのです。

九州の米どころ
福岡と佐賀にまたがる筑紫平野が九州最大の産地。熊本の阿蘇や八代平野、大分の中津平野や竹田盆地も知られています。

近畿の米どころ
日本一大きな琵琶湖がある滋賀県の近江盆地、野生のコウノトリが最後まですんでいた兵庫県の但馬地域が有名です。

中国・四国の米どころ
瀬戸内海沿岸の温暖な気候を生かした岡山県、広島県、山口県の生産量が多いです。農業用水の確保のため、ため池が多い地域でもあります。

お米の生産量ベスト5

お米の生産量が多い地域は東日本に集中しています。日本海側がより上位にくる傾向にあります。

※ランキングは主食用以外のお米の収穫量もふくんだ順位です

中部の米どころ

新潟県の越後平野は日本有数の米どころ。信濃川など日本アルプスの山から流れる川の水や、雪どけ水が豊富なため、稲作がさかん。

北海道の米どころ

寒さに強い品種が開発されたことで、全国トップクラスの米どころに。石狩平野や旭川を中心とする上川中部で稲作がさかん。

東北の米どころ

東北地方はお米の生産量上位10県の中に5県がランクインしています。宮城県の仙台平野、山形県の庄内平野がその中心です。

関東の米どころ

日本一広い関東平野は利根川などの大きな川が流れ、稲作によい条件がそろっています。茨城、栃木、千葉の生産量が多いです。

いちばん生産量が少ないのは…？
いちばんは、大都市で農地が少ない東京都。2番目に少ないのは沖縄県で、大きな川がなく、土の性質も田んぼに向いていないため。

気候の変化・技術の進化と、産地のうつりかわり

かつてはおいしいお米が作れないといわれていた北海道も、今や一大産地になっています。それは品種改良で寒さに強い稲が作られたことと、土地改良が進んだことの2つの要因があります。いっぽう一年を通じて暖かい地域では年に2回の米づくりをするところも。日本の米どころは時代とともに変化しています。

日本中でおいしいお米ができるよ!!!

お米の品種と産地②
都道府県の収穫量

〈データの見かた〉

都道府県名　平成29年度の収穫量

青森県
まっしぐら
つがるロマン
青天の霹靂　226,500t

・1本あたり 10万トン
・1つぶあたり 1万トン

作られた量の多い3品種（上から1・2・3位）

作っているお米は地域でちがう

栽培している品種は、地域で特色があります。全国でもっとも多いのは「コシヒカリ」で、関東から中国・四国までのほとんどの県で作付面積が1位です。東北を中心に栽培が多いのが、冷害や病気に強い「ひとめぼれ」。

西日本ではコシヒカリのような食感とつやをもつ「ヒノヒカリ」の生産が多く、北海道では夏の涼しい気候に適したどくじの品種が多いことにも注目。その土地の風土にあったお米の品種が作られています。

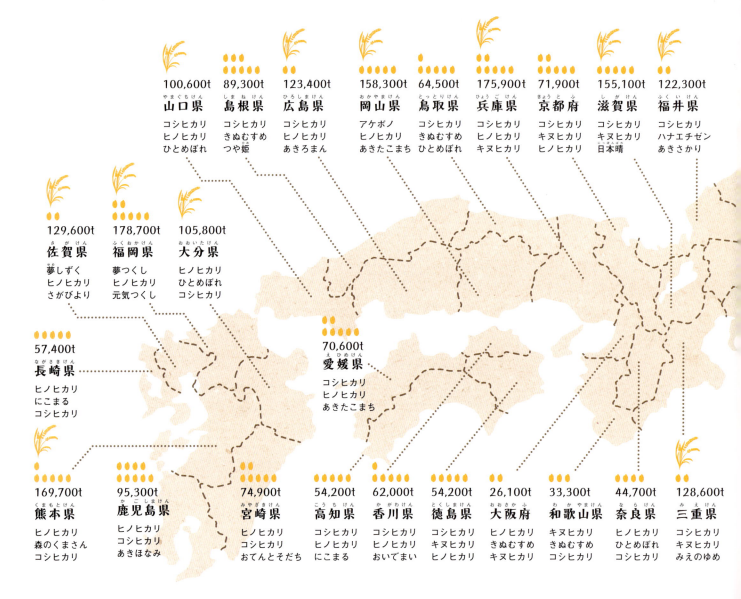

100,600t 山口県 — コシヒカリ／ヒノヒカリ／ひとめぼれ

89,300t 島根県 — コシヒカリ／きぬむすめ／つや姫

123,400t 広島県 — コシヒカリ／ヒノヒカリ／あきろまん

158,300t 岡山県 — アケボノ／ヒノヒカリ／あきたこまち

64,500t 鳥取県 — コシヒカリ／きぬむすめ／ひとめぼれ

175,900t 兵庫県 — コシヒカリ／ヒノヒカリ／キヌヒカリ

71,900t 京都府 — コシヒカリ／キヌヒカリ／ヒノヒカリ

155,100t 滋賀県 — コシヒカリ／キヌヒカリ／日本晴

122,300t 福井県 — コシヒカリ／ハナエチゼン／あきさかり

129,600t 佐賀県 — 夢しずく／ヒノヒカリ／さがびより

178,700t 福岡県 — 夢つくし／ヒノヒカリ／元気つくし

105,800t 大分県 — ヒノヒカリ／ひとめぼれ／コシヒカリ

57,400t 長崎県 — ヒノヒカリ／にこまる／コシヒカリ

70,600t 愛媛県 — コシヒカリ／ヒノヒカリ／あきたこまち

169,700t 熊本県 — ヒノヒカリ／森のくまさん／コシヒカリ

95,300t 鹿児島県 — ヒノヒカリ／コシヒカリ／あきほなみ

74,900t 宮崎県 — ヒノヒカリ／コシヒカリ／おてんとそだち

54,200t 高知県 — コシヒカリ／ヒノヒカリ／にこまる

62,000t 香川県 — コシヒカリ／ヒノヒカリ／おいでまい

54,200t 徳島県 — コシヒカリ／キヌヒカリ／ヒノヒカリ

26,100t 大阪府 — ヒノヒカリ／きぬむすめ／キヌヒカリ

33,300t 和歌山県 — キヌヒカリ／きぬむすめ／コシヒカリ

44,700t 奈良県 — ヒノヒカリ／ひとめぼれ／コシヒカリ

128,600t 三重県 — コシヒカリ／キヌヒカリ／みえのゆめ

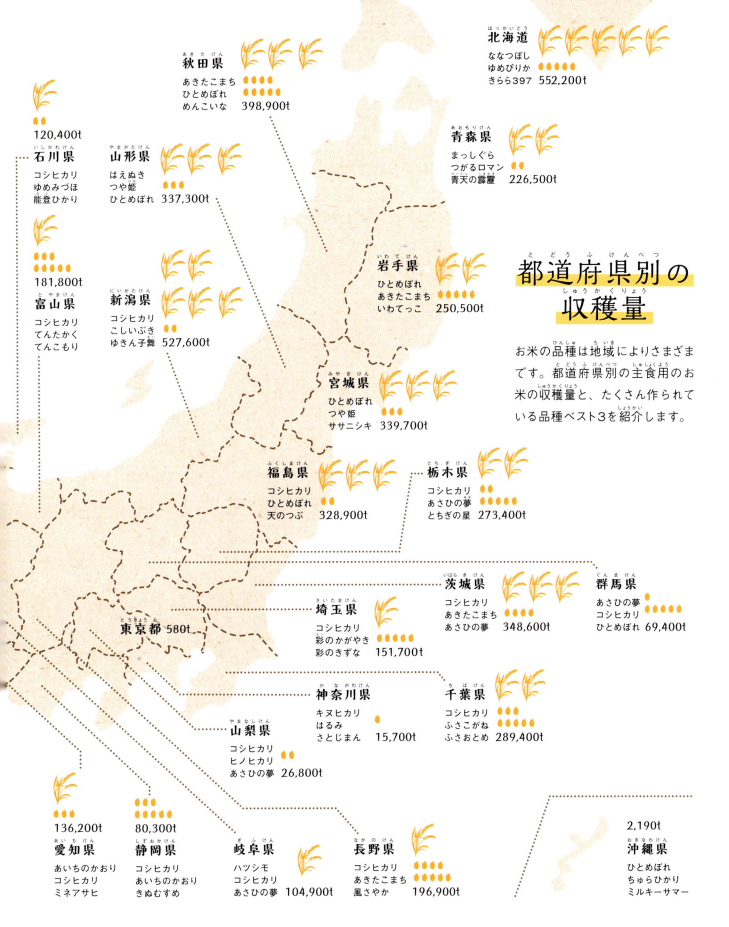

お米の品種と産地 ③
代表的な品種と産地

🌾 日本でよく作られている品種って？

　日本でよく作られているお米の品種はなんでしょう。全国の品種別収穫量の上位20位までをしめしたものが19ページの表です。昭和54（1979）年からずっと1位なのがコシヒカリで、最近では毎年日本でとれるお米の30〜40％近くをしめています。コシヒカリは気候などへの適応力が高いため、北海道と沖縄をのぞく都府県で作られています。つづく2位のひとめぼれ、3位のヒノヒカリもふくめ、上位20位のほとんどがコシヒカリの血をひくお米の品種です。

　日本は南北に長い国です。北海道や東北などの寒い地方では、稲の寒さに対する強さが必要ですし、九州や沖縄などの暑い地方では、高温でも品質がわるくならないことが重要です。日本にいろんなお米の品種があるのは、風土（その土地の気候・地形・地質など）によって適した品種がちがうからです。現在、日本でたくさん作られている品種については、20ページからこまかく紹介しています。これ以外にも全国から新しい品種がぞくぞくと登場しています。お米に対する消費者の好みが多様化し、お米の品種もこまかな需要にこたえるものがどんどんふえてきています。

風土によって適した品種がちがう

暑い地方で作られるお米
高温に強いお米（白くにごる白未熟粒にならない）、背が低く、台風でもたおれにくいお米、麦との二毛作がしやすいお米などが作られています。

寒い地方で作られるお米
寒さや悪天候に強いお米や、寒さからくる病気に強いお米のほか、田植えから収穫までの期間が短くてすむ早生品種のお米などが作られています。

日本でたくさん作られているお米 上位20品種

この表ではベスト9までずっとおんなじ

順位	平成26年産		平成27年産		平成28年産		平成29年産	
1	コシヒカリ	36.4%	コシヒカリ	36.1%	コシヒカリ	36.2%	コシヒカリ	35.6%
2	ひとめぼれ	9.7%	ひとめぼれ	9.7%	ひとめぼれ	9.6%	ひとめぼれ	9.4%
3	ヒノヒカリ	9.2%	ヒノヒカリ	9.0%	ヒノヒカリ	9.1%	ヒノヒカリ	8.9%
4	あきたこまち	7.2%	あきたこまち	7.2%	あきたこまち	7.0%	あきたこまち	7.0%
5	ななつぼし	3.1%	ななつぼし	3.4%	ななつぼし	3.5%	ななつぼし	3.5%
6	はえぬき	2.9%	はえぬき	2.8%	はえぬき	2.8%	はえぬき	2.8%
7	キヌヒカリ	2.7%	キヌヒカリ	2.7%	キヌヒカリ	2.5%	キヌヒカリ	2.4%
8	まっしぐら	2.0%	まっしぐら	1.9%	まっしぐら	1.8%	まっしぐら	1.9%
9	あさひの夢	1.6%	あさひの夢	1.6%	あさひの夢	1.6%	あさひの夢	1.7%
10	こしいぶき	1.5%	こしいぶき	1.5%	ゆめぴりか	1.5%	ゆめぴりか	1.6%
11	きらら397	1.3%	ゆめぴりか	1.4%	こしいぶき	1.4%	こしいぶき	1.4%
12	ゆめぴりか	1.2%	きぬむすめ	1.1%	きぬむすめ	1.2%	きぬむすめ	1.3%
13	つがるロマン	1.2%	つがるロマン	1.0%	つがるロマン	1.0%	つや姫	1.1%
14	あいちのかおり	1.0%	夢つくし	1.0%	夢つくし	1.0%	夢つくし	1.0%
15	きぬむすめ	1.0%	きらら397	0.9%	つや姫	1.0%	つがるロマン	1.0%
16	夢つくし	1.0%	あいちのかおり	0.9%	あいちのかおり	0.9%	あいちのかおり	0.9%
17	つや姫	0.8%	つや姫	0.8%	きらら397	0.7%	彩のかがやき	0.7%
18	彩のかがやき	0.7%	彩のかがやき	0.6%	彩のかがやき	0.7%	きらら397	0.7%
19	ハツシモ	0.6%	ハツシモ	0.6%	ハツシモ	0.6%	ふさこがね	0.6%
20	ふさこがね	0.6%	ふさこがね	0.6%	ふさこがね	0.6%	ハツシモ	0.6%

上位10品種で日本の作付の4分の3をしめています。順位にほとんど変わりはありませんが、上位20品種を合わせた割合が少しずつ減り、ランキング外のお米が増える傾向にあります。

※平成26年産のコシヒカリ36.4%とは、その年に作られた日本の水稲うるち米のうち、品種がコシヒカリだった割合が36.4%という意味です。

(出典) 米穀機構「水稲うるち米の品種別作付比率の推移」より

注目！

上位品種を合わせた割合が減ってきているということは…??
▼
そのほかの品種の割合がふえている
▼
食べる人の好みが多様化してる！

代表的な品種と産地

新潟県をはじめ日本各地で作られている

コシヒカリ

戦前、新潟県で味のよいお米と病気に強いお米をかけあわせたものを、戦後、福井県がひきつぎ新品種として育てたのがコシヒカリ。稲の背たけが長くたおれやすい、いもち病に弱いなどの欠点がありましたが、味と品質が圧倒的にいいことから全国で作られるように。現在流通しているお米の味の基準になっています。

歴史
昭和54年から生産量1位
昭和31（1956）年に誕生。昭和54（1979）年から、品種別生産量のトップを守りつづけています。

特徴
いもち病に弱いのが欠点
甘味とねばりが強く、つやと香りもピカイチ。いもち病に弱い欠点も、作りかたでカバーしています。

おもな産地
新潟県、茨城県、栃木県をはじめ全国各地で作られている。

冷害に強い宮城県生まれのお米

ひとめぼれ

ひとめぼれは宮城の気候風土に合わせて開発された品種です。かつて宮城の主力品種はササニシキでしたが、平成5（1993）年の記録的な冷夏で不作に。ひとめぼれは冷害にとても強く、これをきっかけに東北地方で多く作られるようになりました。甘味とねばりのバランスがよく、全国各地で栽培されています。

歴史
大冷害が開発のきっかけ
昭和55（1980）年の大冷害をきっかけに、寒さに強い品種を作ろうと、平成3（1991）年に誕生。

特徴
いろいろな料理にぴったり
冷害に強く、味は親であるコシヒカリのおいしさをうけついでいて、どんな料理にも合わせやすい味。

おもな産地
宮城県、岩手県、福島県など東北地方で多く作られている。

西日本のお米のイメージを変えた

ヒノヒカリ

　コシヒカリと同じぐらいおいしいお米をと、宮崎県で育成された品種です。小さなビーカーでお米をたき、光沢のよいものを選ぶ方法で味をとことん追求しました。深みのある光沢と香りと強いねばり気があり、味はコシヒカリに勝るともおとらないといわれ、九州を中心に西日本で広く栽培されています。

歴史
日本3位の作付面積
平成元（1989）年に宮崎で育成。西日本を中心に栽培が広がり、日本3位の作付面積をほこるまでに。

特徴
食感と味に厚みがある
コシヒカリよりやや小つぶですが、お米のうま味・香り・ねばりと三拍子そろい、料理を選びません。

おもな産地
熊本では「三度のときめき」として販売。大分県、鹿児島県など

コシヒカリの弱点を克服した秋田のお米

あきたこまち

　秋田では寒くて栽培できなかったコシヒカリのよさをうけつぐお米を作りたいと、コシヒカリに病気と寒さに強い「奥羽292号」を交配してできた品種です。名前は秋田県湯沢市で生まれたとされる歌人・小野小町にちなんだもので、美しいつやとねばりがある、まさに秋田美人を象徴するようなお米です。

歴史
秋田の地に合わせ育成
秋田の地に合った種を選んで育成を重ね、昭和59（1984）年に誕生。あきたこまちと命名する。

特徴
バランスのとれた味
香りと甘味が強く、もちもちとしたねばりがある食感。たきたてはもちろん、冷めてもおいしい。

おもな産地
秋田で生産されるお米の約7割をしめる。ほか岩手県、茨城県など。

北海道米になかったつやとねばり

ななつぼし

北海道で今いちばん作られている品種。病気や寒さに強い「あきほ」と、コシヒカリのおいしさをうけつぐ「ひとめぼれ」の性質をあわせもっています。研究者が旅先のカリフォルニアでぐうぜん見つけた「国宝ローズ」という品種の血もうけついでいて、これまでの北海道米になかったつやとねばりが特徴です。

歴史
北海道米のおいしさが向上
平成13（2001）年に誕生。平成22（2010）年度の食味ランキングで北海道米で初の特Aランクに。

特徴
長時間ねばりと風味を保つ
寒さに強く、たくさんとれます。ほどよいねばりと甘味でさっぱりとし、冷めてもおいしさが長持ち。

おもな産地
北海道だけで生産。内陸部の上川・空知地区を中心に作付。

気候風土に合わせた山形のためのお米

はえぬき

盆地が多く、昼夜の寒暖差が大きい山形県。はえぬきは、そんな山形の気候や風土を計算して開発された品種です。そのため山形県外ではあまり作られていません。お米のつぶがしっかりしてふっくらとたきあがり、冷めても味が落ちにくいため、業務用のお弁当やおにぎりにも広く使用されています。

歴史
10年の年月をかけて開発
平成3（1991）年に山形県で育成。いもち病に弱かったササニシキにかわり、県の主力品種に。

特徴
品質が安定している
稲はたおれにくく、いもち病にも強い。つぶが大きめで、ほどよいねばりと歯ごたえがあります。

おもな産地
山形県のほか、香川県でも生産。山形県内の作付シェアは6割。

関東向けに開発されたが関西で人気

キヌヒカリ

北陸生まれのキヌヒカリの研究が始まったのは、昭和50（1975）年。当時、北陸で栽培されていたお米がたおれやすかったため、背たけが低く、たおれにくい品種を作るのが目標でした。絹のようなつやとさっぱりとした口当たりがとくに寿司店や和食店などに好まれていて、関西地方を中心に生産されています。

歴史
13年かけてたどりつく
昭和63（1988）年に新潟県の北陸農業試験場で誕生。13年の年月をかけて目標のお米にたどりつきました。

特徴
お寿司のシャリに最適
たきあがりの白さとかがやきはコシヒカリを上回ります。冷めてもやわらかいまま甘味が増えます。

おもな産地
滋賀県、兵庫県、和歌山県など、関西地方で栽培がさかん。

東北生まれのお米同士を交配したスペシャル米

まっしぐら

青森のブランド米「まっしぐら」は平成18（2006）年に生まれた品種ですが、青森県内の作付割合は6割と広く普及しています。母「奥羽341号」父「山形40号」と、ともに東北生まれのお米を交配して作られたお米で、東北の気候風土にとても適しています。いもち病に強いうえ、たくさんとれるのが特徴です。

歴史
冷害に強い品種をさらに改良
平成18（2006）年に誕生。青森米の「ゆめあかり」を病気に強く、たくさんとれるように改良しました。

特徴
青森の環境で作りやすい
たおれにくく、いもち病に強い。たきあがりは白くつやがあってつぶぞろいがよく、味はさっぱり。

おもな産地
ほぼ青森県だけで生産。おもに青森の太平洋側で作られている。

麦との二毛作に適している

あさひの夢

愛知県生まれですが、関東地方を中心に生産されています。収穫期がコシヒカリより2週間ぐらいおそいため、群馬県や栃木県の南部で、麦を収穫した後に栽培する二毛作にこのお米が使われています。病気に強くてたおれにくく、味もよくたくさんとれるので、お弁当などの業務用米への利用も多い品種です。

歴史
今は北関東でおもに栽培
平成8（1996）年に愛知県で育成。愛知だけでなく、平成12（2000）年には栃木県でも奨励品種に。

特徴
お米本来の甘味をもつ
稲はたおれにくく、いもち病にも強い。やや大つぶで、さっぱりとした味で、お米本来の甘味がある。

おもな産地
群馬県の東毛地域と栃木県南部が中心。愛知県、山梨県なども。

おいしさを追求した北海道米の集大成

ゆめぴりか

寒さに強いだけでなく、おいしさを武器にできる品種をめざし、品種改良を重ねてきた北海道米の集大成といえるお米が、ゆめぴりかです。コシヒカリ、あきたこまち、北海道米の「おぼろづき」など、日本のおいしいお米の品種をかけ合わせて誕生しました。アミロースが少なく、ねばりと甘味のこさが特徴です。

歴史
8年連続で特Aランクに
平成19（2007）年に育成。食味ランキングは平成22（2010）年度から8年連続で特Aランクを獲得。

特徴
きびしい基準がある
つぶが厚く、たくさんとれます。たんぱく質の含有量など、基準をクリアしたお米だけがゆめぴりかに。

おもな産地
北海道だけで生産。上川、空知地区を中心に作られている。

まだある日本のいろんなお米

こしいぶき

コシヒカリを親にもつ「ひとめぼれ」と「どまんなか」をかけ合わせた新潟県の品種。稲の背たけがコシヒカリより10cmほど低く栽培しやすい。

きぬむすめ

キヌヒカリの血をうけつぐ品種で、たきあがりのつやと白さが特徴。生産量1位の島根県をはじめ、鳥取県、岡山県など中国地方で栽培。

つや姫

コシヒカリやはえぬきのおいしさを生み出したルーツとなるお米「亀ノ尾」から誕生した、山形のブランド米。県内でも生産者を限定している。

夢つくし

おいしいコシヒカリと、じょうぶで栽培しやすいキヌヒカリをかけ合わせた福岡生まれの品種。つやとねばりがあり、味も評価が高い。

つがるロマン

青森県の津軽地方を中心に生産されているお米。寒さや病気に強いだけでなく、コシヒカリやあきたこまちの甘味とうま味をうけつぐ。

あいちのかおり

昭和63(1988)年から愛知で親しまれている大つぶな品種。のちの品種改良で稲の病気に強くなり、農薬の使用をおさえられるように。

彩のかがやき

埼玉県の作付面積の3分の1をしめるブランド米。複数の病害虫に強く農薬の使用をおさえられる。県内の学校給食用に広く使われている。

きらら397

平成元(1989)年に誕生。北海道米のイメージを変えた品種。つぶの形がくずれにくく、しっかりとした食感があり、かむほどに甘味が広がる。

ふさこがね

平成18(2006)年に誕生した千葉県のオリジナル米。高温にも冷害にも強く、台風でもたおれにくいのが特徴。つぶが大きく、ねばりがある。

銘柄米・ブランド米ってなに？

産地と品種を指定して作ったお米
「魚沼産コシヒカリ」というよびかたがある

　お米を販売するときには、それがどんなお米か明らかにするために、「銘柄」を表記します。銘柄には「新潟米」などの産地銘柄、「コシヒカリ」などの品種銘柄、「新潟産コシヒカリ」などの産地と品種がくっついた産地品種銘柄の3つがあります。産地名は都道府県だけでなく、「魚沼産」「会津産」など、よく知られたせまい地域の名前を表記することもできます。銘柄米やブランド米は、この産地品種銘柄をさしてよぶことが一般的です。

産地	品種	産地品種銘柄
魚沼産 新潟県産 北海道産 大分県産	コシヒカリ こしいぶき ゆめぴりか ヒノヒカリ	魚沼産コシヒカリ 新潟県産こしいぶき 北海道産ゆめぴりか 大分県産ヒノヒカリ

産地品種銘柄は平成30（2018）年産のうるち米で795銘柄もあります

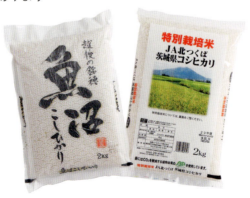

おいしいお米がとれると評判の地域では、土地の名前を目立たせて販売します。

栽培方法を限定したお米も

ほかにも「特別栽培米」「有機栽培米」「アイガモ栽培米」のように、栽培方法を限定して付加価値をつけたお米もあります。

新しいお米が生まれるまで

たくさんの種類のお米があるのに、なぜつぎつぎに新しいお米が生み出されているのでしょうか。その理由や、どのように品種開発を行っているのか知るために、開発の現場をたずねました。

新しいお米が生まれるまで①
なぜ品種開発するの？

● 「新之助」について、米どころの新潟県で聞きました！

「米づくりのさかんな新潟県は作付面積も生産量も産出額も都道府県別で全国一。新潟のお米といえば、まずうかぶのがコシヒカリで、県内の田んぼの約7割で作っています。日本では家庭でごはんとして食べる主食用米の需要が年々減ってきています。それにともない、コシヒカリの需要も少しずつ減っていくと考えられています。だから新しい品種を開発し、コシヒカリとはことなるお米を作らなければならない。そう考えて平成29（2017）年に新しく誕生したお米が新之助です」と新潟県農林水産部の神部さん。

「新之助の開発は平成20（2008）年度よりスタートしました。これから地球温暖化がもっと進んでいくことが予想されますので、暑い環境でもおいしさが保てるお米を作ろう、と考えました。コシヒカリは暑さに弱く、米つぶが白くにごる障害が出やすい特徴がありました。さらに暑さに強いだけでなく、コシヒカリとはことなるおいしさを提案しよう。そんな目標を立て、品種開発が進められました。新しい品種の候補となった稲は20万株。そのひとつひとつの株にみのったお米を食味計という機械にかけてごはんのつやをはかり（つやのよさと味のよさが比例しているから）、さらに実際に研究員が食べておいしいものを選抜していきました。いつどこで食べてもおいしさが変わらないように、栽培農家を限定し、食味や品質の基準をクリアしたお米のみが流通しています。今はまだ生産量は多くありませんが、コシヒカリと同じように愛されるお米になることが期待されています」

お話をうかがった方
新潟県農林水産部 農業総務課政策室長 神部淳さん
新潟県の新ブランド米「新之助」のプロジェクトチームリーダー。新潟と日本の米づくりの未来を日々考えている。

新潟県

疑問 新しい品種を作る理由は？

答え 好みの変化に対応するため

お米を買う人の好みがどんどん多様化

昭和54（1979）年からずっと1位だったコシヒカリの生産量は近年、頭打ちの傾向に。コシヒカリをふくめ、ひとめぼれ、ヒノヒカリといった上位の品種も少しずつ減っていて、品種の多様化が進んでいます。おいしさに定評のあるコシヒカリですが、いろいろなおいしさをもつお米を作り、ターゲットとなる消費者（日本人だけでなく、海外に向けて商品作りをする場合も）の味覚にマッチしたお米をとどけることが大切です。

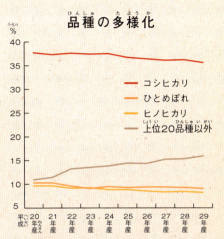

品種の多様化

上位の品種の割合が年々少しずつ減っています。そのかわりに少数派の品種の総数が増えています。お米の品種が多くなり、さまざまなお米が作られる傾向があります。

（出典）米穀機構「水稲うるち米の品種別作付比率の推移」より

答え 品種の集中をふせぐ

新潟県で作られるお米の約7割がコシヒカリ

平成に入ると新潟県ではますますコシヒカリの生産が増え、平成4（1992）年には作付面積60％を超え、平成11（1999）年には80％を突破。同じ品種に生産が集中すると、収穫期が重なったり、冷害や台風などの気象災害の影響をうけやすくなる危険性があります。すでにあった「こしいぶき」が収穫期の早い早生、コシヒカリが中生でしたので、新之助は収穫期を分散させるため、晩生品種（P39参照）として開発されました。

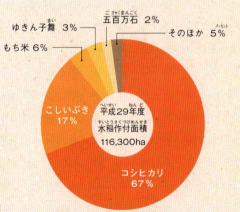

新潟県でコシヒカリがしめる割合

平成29年度 水稲作付面積 116,300ha
- コシヒカリ 67％
- こしいぶき 17％
- もち米 6％
- ゆきん子舞 3％
- 五百万石 2％
- そのほか 5％

コシヒカリの比率がとくに高いのがわかります。新潟県では新しい品種の開発を進め、コシヒカリばかりに生産が集中してしまうのをふせごうとしています。

（出典）新潟県「平成29年度新潟県の農林水産業（資料編：農業）」

平成29年
新しくデビュー！

「新之助」ってこんなお米！

　コシヒカリの血をうけつぎながら、コシヒカリとはことなる新しいおいしさを追求した「新之助」。長年、お米の品種開発に取り組んできた新潟県の集大成とよべる新品種です。見た目にもわかる特徴はごはんがキラキラとかがやいて大つぶなこと。かみごたえのある食感ながら、ねばりがあるというこれまでにはなかった特徴をあわせもっていて、大きなつぶの中にコクと甘味をたっぷりとたくわえています。たんぱく質や水分の含有率などこまかな品質基準をもうけ、限られた生産者でこだわりをもって作っていくやりかたも新潟では初めての取り組みです。

パッケージには こんな工夫が

おくりものに利用してもらえるように、お祝いに使うご祝儀袋を思わせる紅白のパッケージに。新之助の「助」の文字はご祝儀袋にある水引をイメージしています。

つぶが大きくて つやつや！

大つぶで、ふっくら、つやつやとした新之助のごはん。たきあがりはとくにきれいで、香りがよく、ひとつぶひとつぶがかがやいています。

新之助はどんな目的で作ったお米？

暑さに強くコシヒカリより作りやすい

新之助は夏場の高温に強い特性をもち、コシヒカリより7日おそく収穫できる晩生品種です。背が高いために風雨でたおれやすかったコシヒカリより稲の背たけを16cmほど短くし、育てやすくしました。

コシヒカリにひけをとらないおいしさ

新潟米を代表するコシヒカリの血統を引きつぎながら、ことなるおいしさを追求しました。大つぶでつやがあり、コクと甘味が強く、しっかりとしたつぶ感とやわらかいねばりをかねそなえています。

コシヒカリと新之助はこんなにちがう！

コシヒカリ

味
歯ごたえがやわらかく、もっちりとした強いねばりがあり、口にいれたとたんにお米の香りとうま味が広がります。

栽培
茎が弱くてたおれやすいのが欠点です。茎を強く育てるために、水や養分の量をこまかく調整する必要があり、手間がかかります。

新之助

味
コシヒカリよりも大つぶで、しっかりとしたつぶ感とねばりがあり、かむほどにコクと甘味が広がります。味に厚みがあるのが特徴。

栽培
高温に強く、刈り取るのがおそいため、猛暑で味が落ちるのをさけられます。長く貯蔵してもおいしさが長持ちする性質があります。

コシヒカリ
コシヒカリは、ふつう1.8～1.85mmのふるいで選別します。長さは5.2mm、幅は3.0mmぐらいが基準です。中つぶでやや平たいのが特徴です。

新之助
コシヒカリとくらべると長さも幅もひと回り大きいのが特徴です。1.9mm以上のふるいで選別しますので、ぷっくりと厚みがあります。

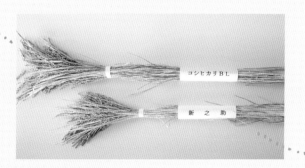

コシヒカリ
稲のたけの長さは91cm。苗のときから長くのびやすく風雨でたおれやすいのが欠点。肥料の量をひかえるなどしてのびすぎないように注意します。

新之助
稲のたけの長さは75cmとコシヒカリよりも16cmほど短い。茎もしっかり太く、たおれにくいことから育てやすいという利点があります。

新しいお米が生まれるまで②
品種開発の現場へ 〈新潟県・新之助の場合〉

**新潟県農業総合研究所
作物研究センターの小林和幸さん**

新潟の新しい顔として期待されるブランド米「新之助」を生み出した育種科の科長。地道な調査と研究をつみ重ね、病気に強いお米やきびしい気象条件にもたえるお米など、新品種の開発に日々取り組んでいます。

研究所はこんなところ！

前身の新潟県農事試験場から数えると120年以上の歴史があります。昭和19（1944）年、のちにコシヒカリとなる品種を初めて交配。新潟を代表するお米の品種がここから生まれています。

新しい品種は試験場や研究所で生まれる

新しい品種の開発は、国や各都道府県の農業試験場などで行われています。新之助が生まれた新潟県農業総合研究所もそのひとつです。ことなる特徴をもったお母さん稲とお父さん稲を人工的に交配し、めざす特性をあわせもつものを選びます。そして栽培と選抜をくりかえし、稲にその特性を固定させていきます。「新しい品種ができるまで約10年。新之助の場合、20万株の候補の中から1種を選びました。たくさんの調査と選抜を重ねないと、いい品種はできないのです」と新潟県農業総合研究所の小林さんは話します。

品種開発のすすめかた 1

「新之助」の場合

お母さんとなる稲 × お父さんとなる稲

お母さんは新潟75号という品種。つやがあっておいしい「キヌヒカリ」と、「どまんなか」を親にもち、大つぶなのが特徴。

北陸190号という品種がお父さん。背たけが低くたおれにくい「どんとこい」と「南海129号」を親にもつ品種です。

↓

両親の特徴をあわせもったこどもの稲を選ぶ

つぶがしっかりつやつや

同じ両親の稲からでも、さまざまな性質をもつこどもの稲が生まれます。暑さに強い、背たけが短い、つやがあるなど、ねらった特性をもった稲を選び出します。

新之助は約500通りの組み合わせで人工交配をためして、この組み合わせが選ばれ、そこから生まれてきたお米だよ！

↓

:何年もかけてたくさんの調査と選抜を重ねて理想の稲に育てる:

品種開発のすすめかた 2
稲を育てていいものを選ぶ

　稲は開花の時におしべの花粉がめしべにつき、そこから実ができます。これを受粉といいますが、品種開発のスタートはこの受粉をすべて人の手で行います。そして受粉してできた実＝種子を栽培します。これをくりかえし行い、すぐれた性質をうけついだ種だけを増やします。屋外の田んぼだけでは1年に1回しか栽培できないので、研究所内の温室や暖かい沖縄などで1年間に2〜3回栽培し、開発をスピードアップさせています。

左／季節に合わせて温度や太陽の当たる時間を調節した温室で苗を育てます。右／育てた苗を1本ずつ手作業で研究所内の田んぼに植えます。

品種開発のすすめかた 3
育てた稲にみのったお米からいいものを選ぶ

研究所がある長岡の長から始まる番号が付いています。

　育てた稲の1株1株に番号をつけ、みのったお米を1株ごとに調べます。米つぶが白くにごっていないもの、すきとおってきれいなものを選びます。さらに、米つぶの重さをはかったり、たんぱく質などの成分を調べたりして、人間の目と機械での分析の両方でいいものを選んでいきます。これをまた温室や田んぼで育てて、同じように選抜をくりかえします。そうすることでよい性質をもつものが選ばれ、その性質が安定していきます。

研究員が目でチェックして、とれたお米から品質がいいものを選びます。黒いおさらにのせたほうが米つぶの形や色が見やすくなります。

品種開発のすすめかた 4

食味をチェックしておいしいものを選ぶ

　ふつう、米の食味の調査は交配から4〜5年後に行いますが、新之助では3年目から始め、おいしいお米を早い段階で見つけ出しました。さいしょは、たいたお米の光沢を調べる食味計で、1株ごとにチェックします。つやつやとかがやいているごはんほどおいしいとされています。つぎに少量のお米を50台の炊飯器でたき、人の目でも見て確認します。ごはんのつやとかがやきで選びぬいたお米は、翌年さらに収穫量を増やし、いろんな年代の人が実際に食べて味や香り、食感をチェックします。こうした調査をくりかえし行うことで、新品種にふさわしいおいしさのお米が選ばれました。

上／すべての条件がいっしょになるように、50台の炊飯器でいっせいにたき、ごはんのつやを見たり、食べて味を検査します。左／お米の光沢を数値化できる食味計を使って、1株ごとにこまかく調べていきます。

研究所にはほかにもさまざまな施設が

いろんな条件で調査ができる

　室内の温度と湿度を自由に設定し、さまざまな気象条件に稲がたえられるか調べる「人工気象室」は、暑さに強いお米の品種をめざした新之助の開発でも使われました。ほかに、研究所で開発されたお米の原種の種を保存する低温貯蔵庫など、広い敷地内にはさまざまな施設があります。

お米のほかに大豆や麦も研究してるよ！

上／人工気象室でいろんな気象条件を再現。左／室温15℃で種子を保存する低温貯蔵庫。

新しいお米が生まれるまで③
新しいお米いろいろ

お米の今とこれから

　食文化が多様化したことで、日本人はむかしよりお米を食べなくなっています。1人あたりのお米の消費量は50年前の約半分にまで落ちています。お米の需要を増やすためには、新しい食べかたを提案する必要があります。そのひとつとして進められているのが、これまでの品種にはない新しい性質をもった「新形質米」の開発です。ごはんのもちもち感をアップさせた「低アミロース米」、栄養価の高い胚芽を大きくした「巨大胚米」など、お米にふくまれる成分や栄養に着目した品種の開発が進められています。それだけでなく、手間がかからずたくさん収穫できる品種を作って家畜のエサに利用したり、加工や業務用に向くお米を作ったりする取り組みもされています。これからはもっと食べる人の体を気づかったお米が増えることが期待されます。鉄分やビタミンが多いお米、花粉症の症状がやわらぐお米、コレラ菌など感染症を予防するワクチン成分をふくんだお米など、食べることで健康・長寿につながるお米の研究が国内外で進められています。

低アミロース米

もっちり食感を追求した日本人好みの味

アミロースという成分が少ないお米。アミロースはねばりを弱める成分で、少ないほどねばりは強くなります。ふつうのうるち米が20％前後なのに対し、低アミロース米は6〜12％ほど。冷めてもかたくならず、おにぎりやレトルトごはんなどに向いています。

低グルテリン米

たんぱく質をとれない病気の人も食べられる

お米にもふくまれるたんぱく質は、わたしたちの体を作る大切な栄養素ですが、腎臓のはたらきがわるくなるとたんぱく質が老廃物となって体にたまりやすくなります。たんぱく質のグルテリンを減らしたお米で、腎臓病の人も安心して食べられます。

赤米　　緑米　　黒米

赤米は赤い色素のタンニン、緑米は緑のクロロフィル、黒米は紫黒色のアントシアニンをふくむ

有色素米

黒や赤、緑色のお米など色つきのお米が人気

ぬかの部分に黒、赤、緑などの色がついたお米。古代米ともよばれ、古くから栽培されていた野生種の血をひきついだお米です。明治時代以降、栽培が減っていましたが、ビタミンやミネラルなどを豊富にふくむことから再注目されるようになりました。

香り米

日本でも古くから作っていた香りが強いお米

たくとポップコーンのような香ばしい香りがするお米。インドの「バスマティ」やタイの「ジャスミンライス」などが有名ですが、わずかながら日本でも古くから栽培されています。最近の日本で開発された香り米はカレーやピラフにむいています。

巨大胚米

栄養価の高い胚芽を大きく健康志向の人向けのお米

胚芽がふつうのお米よりも2〜4倍大きいお米のこと。アミノ酸の一種で血圧を下げる効果などが期待できる「GABA」や、ビタミン、食物繊維など、栄養をたっぷりふくんでいます。白米に混ぜてたくことができ、水にひたす時間を長くするとGABAが増えます。

超多収米

加工や飼料用に使うたくさんとれるお米

1本の穂あたりにたくさんみのり、ふつうのお米より収穫量が多いお米。ひとつぶあたりのねだんを安くすることができるので、お弁当や外食チェーンなどの業務用のごはん、お菓子や米粉などの加工用や、家畜のエサになる飼料用におもに使われます。

お米の用語集

アミロース
お米のおもな成分であるでんぷんの一種。アミロースのふくまれる量が少ないお米ほどねばりが強く、もちもちした食感になります。

いもち病
いもち病菌という菌が稲に寄生することで起こる病気。発生した場所によって、葉いもち・穂いもち・節いもちなどに分けられます。

害虫
害をあたえる虫。稲の葉や茎を食べる虫や、稲の穂から汁をすうカメムシのなかま、稲の根を食べるゾウムシの幼虫などがいます。

加工用米
ごはんとして食べる以外に、使いみちがきめられたお米。清酒（米と米こうじを使うお酒）、みそなどの調味料、おせんべいなどがそうです。

GABA（ギャバ）
人間の体内にもあるアミノ酸の一種。発芽玄米に多くふくまれ、脳の血流を活発にしたり血圧を下げたりする効果があるといわれます。

業務用米
おにぎりやお弁当、レストランなど、外食や中食に使われるお米のこと。使いみちに合った価格と特徴をもつお米が選ばれます。

玄米
もみがらだけをとりのぞいたもの。ビタミンやミネラルが豊富です。ぬかと胚芽をとりのぞき、胚乳だけになったものが白米です。

交配
ふたつの生物を受粉または受精させること。お米の場合、お母さんとなる稲のめしべに、お父さんとなる稲の花粉をふりかけます。

米粉
うるち米やもち米をこまかくして粉にしたもの。だんごや和菓子のほか、最近ではパンや洋菓子、めん類などにも使われています。

酒米
日本酒の原料になるお米のこと。ふつうのお米よりも米つぶが大きく、心白（米つぶの中心の白色の部分）も大きいものが一般的です。

作付面積
実際に農作物が植えられている田畑の面積。農地として活用されていないところはふくみません。お米の作付面積は年々減っています。

産地
農産物や工業製品など、物が生産される土地のこと。お米の場合は「米どころ」とよばれます。日本の米どころはP14にあります。

飼料用米
豚やニワトリなどのエサになるお米。わたしたちが食べるお米と同じように水田で栽培でき、エサを国産でまかなうことができます。

収穫量
農作物を栽培し、とり入れたものの重量や数。お米では、10アール（1反）の田んぼからとれたお米の重さ×作付面積で計算できます。

奨励品種
各都道府県が生産すべきときめたすぐれた品種のこと。これを定めた主要農産物種子法は平成30（2018）年に廃止されました。

食味ランキング
日本穀物検定協会が毎年、全国の主要なお米を検査してランキングにするもの。味やねばりなど、特AからB'までの5段階で評価します。

新規需要米
主食用や加工用とは使いみちがことなるお米。飼料用、米粉用、輸出用、飼料などに使われるワラ専用のお米などがこれにあたります。

特別栽培米
農薬と化学肥料を通常の栽培方法にくらべて5割以下におさえたお米。農林水産省がさだめたガイドラインにそって作られています。

日照
太陽の光が地面をてらしている状態のこと。雨やくもりの日が続くなどして、夏の日照時間が十分でないと、お米は満足にみのりません。

農薬
害虫や病気を退治したり、雑草をなくすために使われる薬。人の健康や環境への影響を国が確かめたものだけが使用できます。

胚芽・胚乳
胚芽は育ったときに芽や根になる部分。胚乳はわたしたちがふだん白米として食べている部分で、でんぷんを多くふくんでいます。

肥料
生育をよくするためにあたえる栄養分。作物の生長に必要なチッ素、リン酸、カリウムが肥料の三要素とよばれています。

冷害
夏に気温の低い日が続いて起こる農業被害。東北の太平洋側に冷たい風「やませ」がふいたときや梅雨明けがおくれたときに発生します。

早生・中生・晩生
お米には早くみのる品種と、ゆっくりみのる品種があります。早く収穫できるのが早生、中間が中生、おそく収穫するのが晩生です。

● 参考資料

『aff』農林水産省
『お米の教科書』宝島社
『お米の達人が教える ごはん基本帳』家の光協会
『米 イネからご飯まで』柴田書店
『米と日本文化』評言社
『しぜんのひみつ写真館 ぜんぶわかる！イネ』ポプラ社
『新版 米の事典 ー稲作からゲノムまでー』幸書房

『生活情報シリーズ⑥米の知識』国際出版研究所
『世界でいちばんおいしい お米とごはんの本』ワニブックス
『世界のおいしいお米レシピ』白夜書房
『そだててあそぼう イネの絵本』農山漁村文化協会
『日本の米づくり』岩崎書店
『農業の発明発見物語①米の物語』大月書店
『47都道府県・米／雑穀百科』丸善出版

● 参考資料〈ウェブサイト〉

農林水産省ホームページ
米穀機構 米ネット　http://www.komenet.jp/

● 取材協力

公益社団法人 米穀安定供給確保支援機構
新潟県農林水産部
新潟県農業総合研究所

お米のこれからを考える①
お米の品種と産地　どうしていろいろあるの？

「お米のこれからを考える」編集室

本文執筆　野水綾乃
撮影　平石順一
イラスト　なかきはらあきこ
デザイン　パパスファクトリー
校正　宮澤紀子

発行者　鈴木博喜
編集　大嶋奈穂
発行所　株式会社　理論社
　　　　〒101-0062　東京都千代田区神田駿河台2-5
　　　　電話　営業 03-6264-8890
　　　　　　　編集 03-6264-8891
　　　　URL　https://www.rironsha.com

2018年10月初版
2023年 8月第4刷発行

印刷・製本　図書印刷
©2018 rironsha, Printed in Japan
ISBN978-4-652-20275-3　NDC616　A4変型判　27cm　39p

落丁・乱丁本は送料小社負担にてお取替え致します。本書の無断複製（コピー・スキャン、デジタル化等）は著作権法の例外を除き禁じられています。私的利用を目的とする場合でも、代行業者等の第三者に依頼してスキャンやデジタル化することは認められておりません。